AF384657

Culture
de
l'arachide

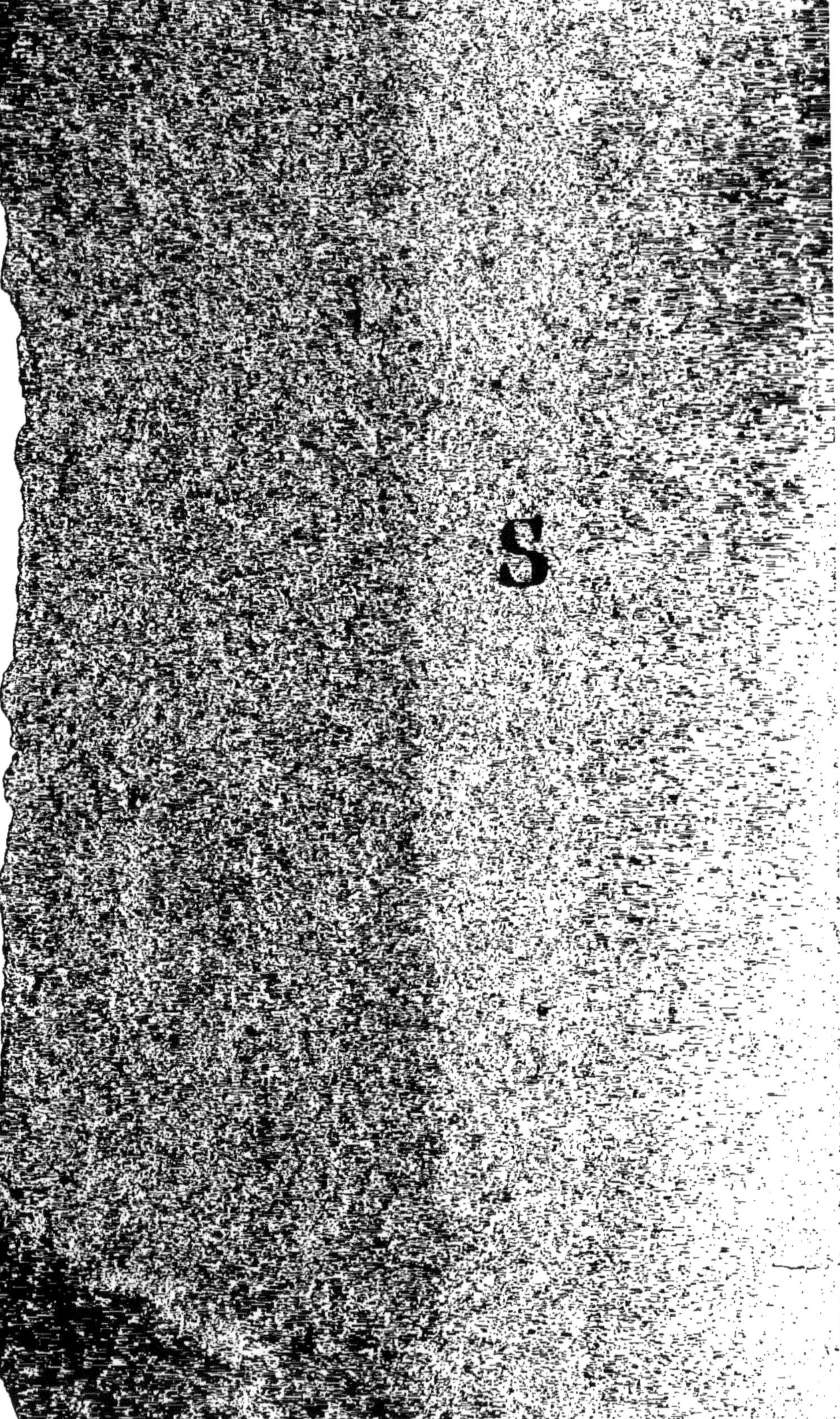
S

CULTURE

DE

L'ARACHIDNA,

TRADUCTION D'UN MANUSCRIT ESPAGNOL,

Par M.ʳ le M.ⁱˢ de CAUMELS,

Colonel de cavalerie, Chevalier de l'Ordre royal et militaire de Saint-Louis, de la Société royale d'Agriculture de Toulouse.

TOULOUSE,

De l'Imprimerie de BELLEGARRIGUE, Libraire, rue des Filatiers, n.º 31 ;
Imprimeur de S. A. R. MONSIEUR Frère du ROI.

1821.

NOTE DU TRADUCTEUR.

Je dois aux bontés de Don Juan Lahora (1) [ancien consul d'Espagne à Bayonne et à Marseille] le manuscrit espagnol sur la culture de l'Arachidna, dont je publie la traduction.

Les Botanistes ont donné différens noms à l'Arachidna. L'Encyclopédie et le dictionnaire de Trevoux en parlent sous ce nom ; et dans ces deux collections savantes on est étonné de la retrouver sous celui de Manobi , sans aucune indication que les auteurs de ces articles ayent soupçonné que sous ces deux noms c'est la même plante. Marc-Grave l'appela Mundubi Bresiliensibus ; le P. du Tertre la nomme Pistache ; le P. Labat en parle sous le nom de Manobi : c'est l'Arachis-Hipogea , de Linné. En Espagne elle est connue sous le nom de Mani et sous celui de Cacahuete:

(1) *D. Juan Lahora était consul à Bayonne à l'époque où Napoléon enleva le roi Ferdinand. La conduite ferme et honorable de ce sujet fidèle de S. M. C. irrita le tyran de l'Europe , qui le fit enfermer à Lourdes , et postérieurement au château d'If : c'est dans cette dernière prison que la légitimité brisa les fers de D. Juan Lahora. Le roi d'Espagne , en reprenant les rênes du gouvernement , le nomma consul à Marseille. Toujours fidèle , M. Lahora a sacrifié cet emploi à ces devoirs , en refusant le serment exigé par la révolte.*

le nom de Mani, *sans doute, est une abréviation de* Manobi, *et celui de* Cacahuete (petit cacao) *lui aura été donné depuis qu'on a employé ses fruits à suppléer le cacao dans la fabrication du chocolat.*

Le P. Plumier *nomma cette plante* Arachidna. *M.* Nissolle (1) *critique cette nomenclature, parce que les* Arachidnas *connues avant le P.* Plumier *portaient des fruits ou des tubercules à leurs racines, tandis que la plante qui nous occupe n'en porte que sur ses tiges ; et ce dernier auteur lui a donné le nom d'*Arachidnoides-Americana. *Il avait vu la plante au jardin royal de Montpellier ; mais elle périt trop tôt pour qu'il pût en reconnaître les usages et les vertus.*

M. le docteur Bodard, *professeur de botanique, l'a nommée* Arachis-Hipocarpogea (1798). *Cet auteur en donne une description plus étendue que celle de* Nissolle ; *la figure que celui-ci a faite graver est la meilleure que j'ai vue.*

M. Bodard *attribue aux fruits et aux racines de cette plante une infinité de vertus ; je désire qu'elle justifie tous ses éloges. Je me borne à la proposer pour nous fournir de l'huile, parce que j'ai la certitude que son huile est excellente. Cet auteur dit que la gousse contient deux ou trois semences, ou féves (2), de la grosseur de l'amande d'une aveline ; je n'en ai jamais vu qui en contînt plus de deux : la forme de la*

---

(1) Mémoires de l'Académie des Sciences, 1723.

(2) Je l'appellerai *grain*, comme l'auteur du manuscrit que je traduis.

gousse paraît les fixer à ce nombre. Elle est ovale, arrondie à ses extrémités, dont l'une est un peu plus petite que l'autre ; elle est creusée en gouttière vers le milieu, ce qui lui donne la figure d'une courge à vin ; les grains sont aplatis à leur extrémité, au point où ils se touchent, qui est placé au milieu de la gousse, à l'endroit où elle est creusée ; quelques gousses n'ont qu'un seul grain, alors elles paraissent un fragment d'une gousse ordinaire, et ce sera le résultat ou d'un avortement, ou de quelque résistance de la terre à l'époque de la formation du fruit.

M. Bodard a écrit en 1810, époque à laquelle on cherchait dans nos productions indigènes à consoler la France des privations que la guerre lui imposait : le zèle de M. Bodard put le séduire, et lui exagérer les ressources que présentait l'Arachidna. J'ai pris du chocolat fabriqué avec ses fruits ; il est bon quand on n'a pas de cacao ; mais il ne le remplace pas : il n'a pas son arome, ni son moelleux, et il conserve un peu le goût sauvage des pois-chiches verts, qui caractérise le fruit de l'Arachidna. Mais cette plante n'en est pas moins précieuse par la bonne qualité de son huile, et M. Bodard aura toujours le mérite d'en avoir, le premier, proposé la culture en France. Cette culture n'était pas encore assez connue quand ce savant écrivait ; celle dont je donne la traduction est fondée sur une longue expérience de plus de vingt ans.

M. Tabarés, chanoine de Valence, fut, je crois, le premier qui cultiva l'Arachidna pour utiliser ses fruits. Pendant la guerre avec l'Angleterre le prix excessif du cacao privait une partie des habitans de chocolat, aliment que l'habitude a rendu de première nécessité en Espagne ; M. Tabarés employa avec succès le fruit de l'Arachidna pour suppléer au cacao : il obtint un chocolat, à la vérité, inférieur; mais l'habitude dut le recevoir comme une ressource heureuse dans un temps de privation absolue.

Quand la paix rendit au cacao son cours et son prix ordinaire, les cultivateurs de l'Arachidna s'appliquèrent à extraire l'huile de son fruit : le succès couronna leurs travaux. Cette huile a obtenu constamment, depuis quinze ans, la préférence sur la meilleure huile d'olive ; elle est très-estimée, tant pour la préparation des alimens, que pour l'éclairage.

Les hivers rigoureux nous privent souvent de la récolte des olives, quelquefois ils font périr les oliviers cultivés en France ; alors les huiles montent à un prix excessif; et nous sommes obligés de la recevoir des étrangers.

La culture de l'Arachidna est donc bien plus recommandable pour nos départemens que pour les Valenciens, qui habitent au milieu de foréts d'oliviers, et sous un climat moins exposé à souffrir les rigueurs des hivers.

Convaincu, par l'expérience, que l'huile de l'Arachidna est agréable au goût (1); qu'elle est saine et économique, j'ai pensé qu'il serait utile de faire connaître

---

(1) L'*Arachidna* contient une huile aussi fine que l'huile d'Aix. (*Circulaire de M. le docteur et professeur* Bodard.)

à nos agriculteurs la méthode de culture que les Espagnols suivent avec succès. Nos essais nous éclaireront sur les améliorations dont elle serait susceptible.

J'ai distribué à plusieurs bons agriculteurs les gousses d'Arachidna que j'ai reçues d'Espagne. Les produits nous donneront la faculté de faire des essais, qui nous dirigeront sur la meilleure méthode d'en extraire l'huile; et les analises de nos professeurs de chimie nous feront connaître ses propriétés. Les résultats de ces opérations seront publiés, afin de rassurer les consommateurs sur l'usage de cette huile: précaution nécessaire, parce que tout ce qui est nouveau, tout ce qui est peu, ou point connu, est toujours contrarié par l'ignorance et la routine.

Les succès de la culture repousseront, sans doute, les objections qu'on présente d'avance sur la différence qui existe entre notre climat et celui des parties de l'Amérique dont cette plante est originaire, ou celui de Valence, où on la cultive depuis vingt ans. Comment peut-on raisonnablement opposer les influences du climat sous la belle zone où nous vivons, et relativement à une plante annuelle, qui ne végète que quatre ou cinq mois de la plus belle saison de l'année, et opère sous la terre sa fructification à l'abri des impressions des gelées blanches, qui, quelquefois, règnent dans les premiers jours de l'automne? D'ailleurs, on cultive cette plante près de nous, dans le département des Landes, dont le climat ne la pas repoussée (1).

---

(1) M. le docteur Bodard l'a observée à Paris, où elle prospérait et croissait dans un état de très-belle végétation.

J'ignore quel usage les cultivateurs de ce département font du fruit de cette plante, on n'a rien publié à cet égard ; j'espère qu'ils nous communiqueront la méthode et l'objet de cette culture. Je me trouverais heureux si je contribuais à leur faire connaître toute l'utilité d'une plante aussi précieuse, dont le fruit n'est employé dans les Antilles que pour le présenter au dessert comme des noisettes.

P. S. Depuis que cette traduction est sous presse M. Goffres, grainier de Toulouse, m'a dit qu'il avait reçu depuis plusieurs années un ouvrage de M. de Saint-Ourens (propriétaire dans le département des Landes), sur la culture de l'Arachidna. Je ne connais pas cet ouvrage, que M. Goffres a égaré, et j'ignore si l'auteur professe les mêmes principes que ceux que recommande le manuscrit que j'ai traduit ; j'ignore aussi l'époque à laquelle M. de Saint-Ourens a écrit, ainsi que celle à laquelle il a commencé de s'appliquer à la culture de cette plante. C'est sans aucun désir de lui disputer la priorité de cette culture, que j'ai cru devoir la donner à M. Tabarés, et uniquement parce que j'ai vu cultiver l'Arachidna il y a plus de vingt ans, et que j'ai pris dans le même temps, chez M. Tabarés, à Valence, du chocolat fabriqué avec son fruit. Quoi qu'il en soit, on ne saurait enlever à M. de Saint-Ourens le mérite d'avoir importé dans son département la culture d'une plante précieuse, non-seulement par la qualité de son huile ; mais aussi parce que les huiles que nous recevons de l'étranger font sortir tous les ans *du royaume plusieurs millions de notre monnaie , qui resteraient en France si nous pouvions nous pourvoir d'huile par une production de notre sol (1).*

C'est aussi depuis que cet ouvrage est imprimé que M. le docteur Lafont , correspondant du comité médical , m'a dit qu'il avait vu de l'huile d'Arachidna conservée depuis plus de trois ans sans altération , et qu'elle n'avait pas gelé pendant l'hiver (Voyez la note pag. 18).

C'est encore depuis que cette traduction est imprimée que M. le Mis de Labarthe m'a dit qu'il avait porté des semences d'Arachidna en Hongrie , où S. A. I. Mgr l'Archiduc Palatin l'avait cultivée ; que ce prince , habile et zélé agriculteur , avait fait extraire l'huile des fruits qu'il avait cueillis , et que cette huile excellente était servie sur la table de son S. A. I.

(1) En 1814 , 1815 et 1816 la somme de l'importation des huiles, pour ces trois années, a coûté à la France 79,104,101 fr.

(*Circulaire de M. le docteur et professeur* Bodard.)

CULTURE
DE L'ARACHIDE (1).

Époque des semailles.

L'ÉPOQUE la plus convenable pour semer l'*Arachide* est celle du 15 avril au 15 mai.

Terres qui sont propres à cette culture.

L'*Arachide*, comme toutes les plantes dont les fruits se forment et mûrissent sous la terre, demande une terre légère, meuble, substantielle, et qui ne se tasse pas sous les pluies et les arrosages; elle prospérera mieux si la couche végétale est épaisse. Cette terre doit être travaillée à une profondeur convenable, afin que l'air ambiant la pénètre et lui communique les sels, qui sont un des principes de sa fécondité.

Préparation des terres.

On doit arracher avec soin toutes les herbes parasites, dont la végétation prive les plantes cultivées de la substance nécessaire à leur

---

(1) Le nom d'*Arachide* ayant prévalu en France, pour désigner la plante dont j'indique la culture, je l'adopterai dans cette traduction.

fécondité, et plus particulièrement les plantes qui se multiplient par les nœuds de leurs racines, qui, traçant sous la terre, gêneraient celles de l'*Arachide*, et l'empêcheraient de fructifier.

La nécessité de bien purger la terre de toute plante nuisible ne permet pas de fixer le nombre de labours qu'on doit donner avant de lui confier les grains de l'*Arachide*; le discernement du cultivateur le guidera à cet égard.

Après avoir arraché toutes les mauvaises herbes, il faut fumer sans économie; plus la terre aura reçu d'engrais, et plus on pourra espérer une récolte abondante.

Dès que le fumier aura été également distribué, on doit donner un labour à la terre, et la diviser en planches de cinq à six pieds de largeur, dans la direction la plus convenable pour recevoir les arrosemens, si la rigueur des saisons exigeait qu'on y eût recours.

Semence.

Quand la terre est ainsi préparée on peut semer le grain de l'*Arachide*; cependant, si elle était trop sèche, il conviendrait, avant de semer, de donner un arrosement, afin que le fumier répande les sels et le gaz qu'il contient, adoucisse la terre, et la dispose à une plus grande fécondité.

Sur le centre de chaque planche on ouvrira deux sillons à un pied de distance l'un de l'autre, et on placera les grains dans ces sillons, également à un intervalle d'un pied entr'eux ; on couvrira la semence légérement (*à peu près comme les haricots*). On semera ainsi toutes les planches, en observant de laisser des deux côtés deux ou trois pieds de terre disponible pour servir à butter la plante à proportion qu'elle croîtra.

Si la terre n'avait pas reçu tout l'engrais nécessaire ; si elle était faible, et peu productive, on rapprocherait les semences et les sillons à huit ou neuf pouces de distance, et on laisserait moins de terre disponible sur les côtés des planches. Ce précepte, qui pourra, d'abord, paraître étrange, sera justifié quand nous parlerons de la manière d'élever cette plante, et de la prodigieuse fécondité dont elle est susceptible.

L'expérience et la raison démontrent que la méthode de semer que nous venons d'indiquer est préférable à celle que propose M. Tabarés, qui veut qu'on ouvre des petits fossés (comme pour planter le céleri), et qu'on place les grains dans ces fossés, dont la terre est relevée et entassée sur les bords ; mais alors, non-seulement la plante ne reçoit pas le bénéfice de tous les sucs nourriciers de cette terre entassée, que l'air ambiant ne peut pas pénétrer ; mais même cette terre, ainsi placée près des tiges, gêne les opérations qu'exige cette culture.

La plante naîtra plus ou moins vîte, selon la température de la saison ; mais dès que elle s'élève sur la terre, elle croît avec rapidité ; sa tige se forme, s'environne de rejetons, et bientôt elle fleurit.

Arrosement.

Il ne faut pas multiplier les arrosages ; au contraire, soit avant, soit après la floraison, on ne doit arroser cette plante qu'avec discernement et économie, et seulement quand la sécheresse de la terre pourrait compromettre son existence. Hors de cette circonstance l'eau est nuisible, soit parce qu'elle rend la terre plus compacte, soit parce qu'elle fait pourrir le fruit.

Dès que la plante a formé ses tiges, et commence à fleurir, il faut l'observer souvent ; et dès qu'on aperçoit que des pointes blanches se montrent sur les nœuds de la tige, il faut la butter de manière à ne laisser hors de terre que les yeux ou jeunes mises qui la couronnent. Cette opération est facile, et on doit y employer la terre qu'on a laissée des deux côtés de la planche.

La plante s'élève avec une rapidité incroyable. A peine l'a-t-on couverte jusqu'aux sommités de ses tiges, qu'elle domine orgueilleusement la terre ; alors il ne faut pas se permettre la plus petite négligence, sur-tout si la terre a été bien préparée ; car, dans ce cas , il faut redoubler de vigilance pour saisir le moment où l'apparition des petites pointes blanches exige un nouveau buttage ; et cette opération doit se répéter toutes les fois qu'elles se montrent sur les nœuds des tiges.

A Llauri , petit village de la rivière du Xucar, un cultivateur a été obligé de chausser cette plante jusqu'à sept fois ; il obtint une récolte prodigieuse , et il recueillit sur chaque plante au delà de mille gousses ; *ce qui donne plus de deux mille pour un* : il fut ainsi obligé d'élever la terre à la hauteur à laquelle on butte les cardes.

Cette prodigieuse fécondité justifie le précepte que nous avons donné , que l'on doit rapprocher ou éloigner les semences en proportion de la qualité productive de la terre ;

la vigueur de la plante exigeant plus de terre pour la butter , le cultivateur n'aurait pas le moyen de la seconder , et perdrait une grande partie de la récolte , s'il n'avait pas assez de terre disponible pour fournir au buttage qu'une forte végétation pourrait demander.

Quand la plante cesse de montrer sur les nœuds de ses tiges des pointes blanches , c'est un signe qu'elle est épuisée , et qu'elle ne produira plus de fruits. Alors elle n'exige d'autres soins que celui de lui donner de légers arrosages , si la sécheresse l'exige ; mais on ne doit pas oublier qu'ils doivent être prescrits par la nécessité, et donnés avec discernement et économie.

Quand l'*Arachide* jaunit, et qu'elle perd son air de vigueur (ce qui arrive ordinairement au mois d'octobre ou au commencement de novembre), c'est la preuve que son fruit est mûr ; alors le cultivateur peut cueillir les fruits de ses travaux , et la plante lui prouvera que si pendant sa végétation elle a caché sous la terre sa fécondité , elle n'en a pas été moins reconnaissante des soins qu'elle a reçus , et n'a pas resté un seul instant oisive.

Récolte.

Pour cueillir les fruits un ouvrier démolira le buttage qui réunit deux sillons, en prenant en-dessous des racines, de manière à conserver le plus qu'il sera possible les plantes entières : à mesure qu'il les arrachera, il les secouera, pour en dégager la terre, et il les placera à côté des sillons ; un autre ouvrier suivra ce premier, pour ramasser avec soin les fruits qui se détachent de leurs pédoncules.

Après avoir arraché toutes les plantes on en séparera les fruits, qu'il faut laver pour en détacher toute la terre qui y est attachée. Cette opération est facile : on mettra dans un panier d'osier une quantité de gousses d'*Arachide* jusqu'au dessous des bords ; on le plongera dans l'eau, et on multipliera les immersions, en remuant fortement le panier, jusqu'à ce que toute la terre se soit détachée : quand les gousses sont bien lavées, on les expose au soleil jusqu'à ce qu'elles soient sèches : il faut les garder dans un lieu sec et bien aéré.

Conservation des fruits.

soie (ces étages sont composés de claies fabri-quées avec des roseaux). Ces fruits s'y con-servent très-bien , parce que l'air les frappe de tous côtés ; on les garde ainsi plusieurs années sans altération. Quel que soit le local qu'on puisse consacrer à cet usage, on doit observer de ne pas entasser les gousses à plus de cinq pouces d'épaisseur.

Tels sont les principes qui doivent guider les cultivateurs dans la semence , la culture et la récolte de l'*Arachide*.

De l'huile.

L'expérience a démontré que ce fruit est sain , qu'il donne une huile excellente et très-économique : si on l'emploie pour éclai-rer, sa lumière est vive, brillante, et elle se consomme moins promptement que les huiles qu'on emploie communément à cet usage ; si on veut s'en servir pour la pré-paration des alimens , un tiers de moins que de l'huile d'olive suffit , et les mets sont mieux assaisonnés , et d'un goût plus suave et plus agréable.

La qualité la plus précieuse de l'huile d'*Arachide* , est de ne point incommoder l'estomac et la poitrine ; on peut se con-vaincre de sa salubrité par une expérience bien simple, en respirant la vapeur qui s'exhale quand l'huile trop échauffée répand une fumée épaisse : cette vapeur ne blessera pas le gosier, et n'offensera pas la poitrine ; mais si on faisait un pareil essai avec l'huile commune, sa vapeur irriterait la poitrine, et soulèverait l'estomac de l'homme le plus robuste (1).

L'huile d'*Arachide* ne se conserve pas plus

---

(1) Si on considère que le fruit de l'*Arachide* n'est pas, comme l'olive, un composé de plusieurs parties, dont les principes constitutifs sont absolument différens, on peut espérer que ce fruit donnera une huile qui, sous le rapport de la santé, sera préférable à l'huile d'olive.

L'olive est composée de sa chair, du noyau et de son amande.

L'huile qu'on retire de la chair est excellente ; celle du noyau est une espèce de mucilage épais, qui rancit en peu de temps, et prend une odeur et un goût détestables : les chimistes ont donné à cette huile le nom de *sulfurique* et *fétide* ; celle qu'on extrait de l'amande est âcre, les chimistes la caractérisent de *caustique et corrosive* (*).

Les huiles que nous consommons sont composées du mélange de ces trois liquides, dont les deux derniers sont manifestement nuisibles ; et, quoique l'huile de la chair tempère les effets de leur mauvaise qualité, cependant on pourrait, sans injustice, leur attribuer les incommodités que tant de personnes éprouvent quand elles font usage des alimens préparés avec de l'huile.

(*) *Expériences de M. Sieure, chimiste de Marseille. M. Olivier a obtenu les mêmes résultats en* 1783.

de trois mois pendant les temps chauds (1); elle rancit après cet intervalle; mais cet inconvénient est réparé par le fruit, qui se conserve sans altération pendant plusieurs années.

Le marc de l'*Arachide*, après l'extraction de l'huile, est excellent pour engraisser les cochons; et nous devons observer qu'encore que cette huile soit sujette à rancir, néanmoins, quand elle est fraîche, elle se vend couramment, sur la place de Valence, à la valeur de 8 à 10 pour cent au-dessus du prix de la meilleure huile d'olive, à laquelle on la préfère.

L'auteur d'une méthode économique et facile d'extraire l'huile de l'*Arachide* serait digne de la reconnaissance publique; car jusqu'à ce moment les cultivateurs n'ont obtenu que les trois cinquièmes au plus du poids de la graine écrasée sous la meule pour la soumettre à l'action de la presse, et il n'est pas douteux que le marc conserve une grande partie de l'huile.

---

(1) M. Magnes a extrait de l'huile de l'*Arachide*; et, bien loin de lui reprocher le défaut de rancir aisément, il assure qu'elle se garde mieux que l'huile d'olive : ce savant chimiste a fabriqué avec cette huile du savon excellent; il m'a donné de cette huile et de ce savon, très-bien conservés depuis 1810. Les expériences que nous nous proposons de faire nous diront si cette différence tient à la manière d'extraire l'huile, ou à l'impression du climat.

On ne peut pas s'aider de l'eau chaude ; parce que par ce moyen on n'obtiendrait pas une seule goutte d'huile.

Quand le grain, réduit en pâte, a été pressé, on éprouve une grande difficulté pour séparer les cabas l'un de l'autre, et il est très-difficile d'en sortir la pâte pour la remanier et la remettre sous la presse : il en résulte que les cabas ne peuvent servir que deux ou trois fois ; ce qui occasione des frais et la perte de beaucoup de temps.

On a observé qu'en employant des cabas qui ont servi à faire l'huile commune, la pâte se détache plus facilement, principalement si on retourne les cabas à l'envers ; mais elle oppose toujours de la résistance.

Relativement à la quantité de semences qu'il faut employer par hectare, il suffit de dire qu'il est très-important de semer à la distance d'un pied au moins en bonne terre, et de neuf pouces en mauvaise, observant de laisser à côté des sillons quatre ou trois fois autant de terre libre pour chausser la plante ; ce qui donnera à peu près deux boisseaux de semence pour un journal de terre ; et on doit porter la plus grande attention en sortant les grains de leur gousse, parce que la moindre écorchure qu'on ferait à l'épiderme qui les enveloppe les empêcherait de développer leur germe, et ils pourriraient dans la terre.

Finalement, cette culture offre des avantages inappréciables, et très-prouvés par les expériences de cultivateurs impartiaux et éclairés ; nous nous bornerons à citer l'expérience de Don Jose Alepus, habitant de Benifago de Falco, agriculteur, dont la réputation de probité et de franchise ne permet aucun doute sur la véracité de son rapport.

Cet agriculteur ayant semé dans un fonds médiocre, et peu fumé, obtint, 1.° 160 de récolte pour un de semence ; 2.° l'huile fut vendue à 12 pour cent au-dessus du prix de celle d'olive ; 3.° il vendit la mesure du marc à un prix supérieur à celui de la farine de maïs, parce qu'il est préféré pour les engrais ; 4.° que le père gardien de san Diego de Alfara, convaincu par l'expérience des avantages qu'offre l'usage de l'huile de l'*Arachide*, tant pour la préparation des alimens, que pour l'éclairage, le pressa de lui céder la provision qu'il avait réservée pour la consommation de son ménage, en la payant à 20 fr. par quintal au-dessus du prix courant de l'huile d'olive.

FIN.